歌集

ぜるぶの丘で

天野陽子

角川書店

ぜるぶの丘で＊目次

Ⅲ

装幀　山元伸子

歌集　ぜるぶの丘で

天野陽子

I

低くなるもの

待つ人の林のような改札にひとりひとりが棲まわせる鳥

風もなく中吊り広告ひるがえり列車は川を渡ったところ

いつからか願望ひとつ膨らんで廃線に咲くクロッカスの花

天井も桐の箪笥も父の背も家とはだんだん低くなるもの

わたくしの丈に喪服はつくられて箪笥の三段目と母は言う

谷口生花店の菊は売り切れており　ひねもす煙の昇る日曜

前の日とあまりによく似た今日の日の薔薇がわずかに老いて出迎え

人肌の願いは時に屋根の上たとえば放った乳歯のような

無口なる青年のごと冬の空見つめて今年の手袋を買う

音もなく霧雨の降るあかつきにどこへも行けない綿毛がひとつ

空をみる画

足元にひとやまの影　境目のわからなくなるふたりの闇は

涙腺をくすぐる匂いそういえばあの時閉じたまんまの傘だ

向日葵のうつむいている首筋に思い出せない父の筆跡

こうばしい匂いに目覚めた朝がありい母の言葉に敬語が混ざる

くっきりとインクの匂い地図帳にたった今できたような国々

フェルメールの画集の少女空をみるように傾く窓辺の書架で

午後二時の閲覧室が飼う羊ページをめくる音によりそう

司馬遼の全集のその深緑　腕の長さの分だけ運ぶ

卒業式終えてきた子の手の画集　返却期限の日はもう四月

夜光虫

いくつものわたしが四角くまとまって一足先に旅立った朝

リラの香をかすかに嗅いでベランダで見知らぬ鳥は羽を休める

暗がりに乳白の破片きらきらとみずから割れるを望んだ器

目覚めればゆうべ脱ぎ捨てた黒い服わが影となり足を離れず

口にせぬことごとで人は生きている葉の裏側にほつほつ胞子

玄関で扉が閉まるさみしさを受け止めている母の水盤

四枚の壁に囲まれわたくしは最初の家具としてしゃがみこむ

あたらしい椅子を待つ時よみがえる　はじめての面接のことなど

少しずつ記憶が上書きされてゆく素足が床に馴染んでゆく頃

ゆるやかな満月はきっと同じはずわたしを育てた直角の街も

いくつものグラスと氷　それぞれが飛べる気がしている夜光虫

カステイラの月

ひらひらとイチョウモミジと差出人わたしではない葉書を出しに

ひとりきりの家路を見守る一切れのカステイラほどの明るさの月

虫のこえ列車の音に消える時ふと立ち止まる猫もわたしも

吾亦紅のような銅（あかがね）色をして線路に終わりのあるあたたかさ

アスファルト打つ足音が空に抜け雪の歩幅を忘れてしまう

地方紙から穂先の緑はみだしてアスパラガスがひんやり届く

ぎこちなく玄関の壁にもたれてる雪を蹴飛ばしたりしたブーツ

この都市に風を湿らす雪はなくライオンたちのたてがみの匂い

赤ペンでいく度も名前を書いているふと色づいている運命線

手ぬぐい問屋

とりどりの言の葉籠るいくつもの傘がふくらむ言問通り

閉店の貼り紙ぬらすにわか雨　シャッターにまだ林檎の匂い

まどかなるもののやさしさ片側に向かって転がるパチンコの玉

布のその折り目正しい匂いする手ぬぐい問屋は北向きにたつ

月食も含めて二十一種類　一枚の布が写す月夜は

美人画の好みの美人を言い合って小波ほどのどよめき起こる

新巻鮭の手ぬぐい見つめるひとありてそのひとの背を見つめてしまう

わたくしの手のひらのうえ神奈川沖浪裏の画は富士をしたがえ

黒猫が身をよじらせる薫風に洗いたての夢二の手ぬぐい

百合根をほぐす

新しい便箋を買うもうすでに使いきれないことを知ってる

ただ息を吹きかけるだけかたくなな白玉椿を解かす方法

きみにだけみせたいものがあるような春の初めの百合根をほぐす

干し柿を手のひらに取る本当に必要なものの重さを量る

食卓の余白がことに眩しくてひとりで熟れてゆく桃がある

ベランダにハンガーゆれる不在という存在ゆれる午後の日差しに

ハンカチを落とせば北に流れゆくこの川の名を忘れてしまう

海峡をなだめるように青白き日本の地図の隙間をなぞる

袋小路の図書館

ものおもう姿で月を眺めいる観音像は水の名をもつ

指先を這わせて竹と交われればこの雨音に洗われるもの

水平線は胸の高さにのびていて　かもめよかもめ触れてもいいぞ

ぶっきらぼうな山に抱かれて一の谷とはどこまでも坂道ばかり

豊満な雲に天狗の影よぎり見つけられないお寺がひとつ

裏口に自転車が忘れられたまま袋小路のなかの図書館

文字たちを覚まさせながら足音の静かに響く図書館の朝

立て膝の目線がちょうど良い春のこども部屋の絵本を起こす

北向きに江戸川乱歩は並びたり第一巻の行方は知れず

『日露海戦海軍史誌』を出納する　男の記憶の襞にふれおり

東條英機内閣のあと蛍光のペンは歴史をなぞっておらず

ひとつずつ灯りを消して饒舌な書物に与えるやさしき眠り

雨かんむり

満員の電車に思う行人偏に正しいと書く父の名前を

雨かんむりを冠りてしばし俯けば滴り始めるスカートの裾

三水のリズムで息を継いでいる少年しばし魚の眼になる

忘れたいことひとつありクロールの飛沫は二水で消えるはかなさ

花水木　出会った頃とそのままの草かんむりをきらきらさせて

之繞（しんにょう）をたどりて着きしゆりかもめどこまで飛んでゆくきみだろう

うかんむりに守られながら子どもらが声をひそめる午後の図書館

初めての人と隣り合う今日はまだけものへんを引き連れながら

平仮名の背表紙ばかり好きになる春は作り笑いなどして

四分休符

竹籠のこごめ大福下町の匂いを連れて帰る年の瀬

待ち合わせの本屋は今は薬屋で消すことができた記憶がひとつ

市電通りを歩けば西へと向くこころ中城ふみ子の歩幅を思う

ゼンマイが切れるように辿り着く二両編成列車の終点

四分休符くらいの深呼吸をする雪だけがあるぜるぶの丘で

伝えおくこと伝えずにおくことの間でかあさん牛蒡を削る

泣きはらした瞼を閉じてゆくような落日ならばもう振り向かない

だれよりも高い場所から洞爺湖を見下ろしている一月二日

機上から海峡ひとつ眺めればまた南へと向かうまなざし

着水する鳥の心地ですべりこむ海の上なる羽田空港

さわがしい踵

いなくなる日が近づけば机とはこんなにうつくしい四角形

とりあえず「またね」と言って舐めかけの飴玉のように潤む信号

送別会ふたつを終えてこの春の眠りはいやに深くてならぬ

饒舌な沈黙があるテーブルの下で温めあう膝小僧

作りたての紙飛行機の心地してスーツの袖が春風を切る

黄金町通って着くは日ノ出町目の覚めないまま向かう仕事場

太陽が影を濃くするO型かA型かなど問われる間

覚えなきゃいけないことを携えて浴槽は脚をのばせる長さ

今はまだ踵がさわがしすぎるから潮の音がうまく聴けない

石鹼の泡立つほどに雲は浮く配送伝票行き違う間も

ゆりかもめ　九月は他人行儀にてさみしいひとから着ぶくれてゆく

ショルダーバッグ

レインボーブリッジも入れて十三の橋を数えて往く隅田川

赤福は北海道の名寄町その糯米で出来ていたそな

父母も乗せて緑の千代田線　通勤の駅を今日は過ぎ行く

道案内はいつしか父に代わられてこんなに近い六本木の雲

ファイターズ最終戦なれば黄昏のホテルに籠る男性陣は

札幌の街並とどこか似かよって三越前でする待ち合わせ

道筋が碁盤の目となり足取りも軽やかになる午後の銀座は

東京にもうひとりでも来られると母の斜め掛けショルダーバッグ

叱られることもなくなり兄の手の煙草のけむりが鼻先ゆらぐ

II

靴売場

偶数が並ぶ静けさデパートの靴売場から春は生まれる

引継ぎの若草色のメモ帳にサ行が少し急いでいる文字

スプーンを二回落として嘘になる大丈夫というさっきの言葉

水濡れたページのように横たわる他人の話を聞きすぎた日は

無理ならばやめてしまおうブレーカー落ちてそのまま眠ってしまう

入札に負けて上司が持ってくる春の香りのよもぎ饅頭

わたしたちここにはいない野毛山に桜前線おとずれる頃

職歴が学歴よりも多くなりひんやりとするスーツの裏地

慣れぬものあちこちにあり多摩川は優等生の顔で流れる

残された時間のようで飲みかけのペットボトルの中の金色

濃紺のスーツで並べば古書店の一冊ほどに大人しくなる

種のない葡萄

平仮名で話していたね本当は絵描きになりたかったことなど

ホチキスの芯が無くなりゆくりなく合わさるものが合わざるものに

いろはにほへとちりぬるをサイレンが鳴り終わったら続きを話す

猫の毛はふとついてきて遺伝子はどこへも行けてどこにも行けない

種のない葡萄を食めば嘘なんて吐いてないよという舌触り

明日また伝えることは出来るから鱈子は薄い皮におさまる

つじつまを合わせる風を受け止めて兄貴のように立つポプラの木

白いライオン

うたた寝のぼくらを乗せて山手線これから海へ行くのだという

食べかけのミルフィーユのごと散らばって女ばかりの会議が終わる

今日もまたとても上手に謝れば白いライオンたてがみ揺らす

選ばれる選ばれないに拘わらずししゃもは並ぶ背筋伸ばして

うみかぜを持て余しつつ休日も制服でいる士官候補生

うつくしく切り離されて蛸はもう足の数など忘れてしまった

見失うのは容易くてとろけてるチーズのとろける前の形は

ゆっくりと月が瞼を閉じてゆき何万回の爪を切る音

薬局のガラスケースに整然と戦士になれる言葉がならぶ

虹の端を探しに行ったあの頃のぼくらが好きだった歌をうたう

木管楽器

いくつもの耳がこちらを向いており木管楽器になりて名を言う

カッターを一番きれいに使う娘の観葉植物のようなうなじ

新しい仕事のために伸ばす爪昨日より熟れた桃の皮むく

慣れるのではなく馴染んでゆくことの昼ごとに食むたまごサンドは

ネクタイが上手に選べるようになり解り始めた父の吃音

きれいごとばかりでもいい春先の草食動物の脚の長さ

だるまさんがころんだでひとりずつ消えて取り残された子どもの指紋

いにしえの帆布の音が聴こえます　鞄につっぷして眠るとき

人間は静かにいなくなるのですいつでも靴を揃えておいて

捨てられたテレビが空を見上げてる本当のことはついに言わない

それはもう雨の音しかしないから無声映画のようなお別れ

少しだけあきらめるのが丁度いい　毛を刈られている羊の眼

だれもみな泣き出しそうな顔をするべっこう飴のようなゆうぐれ

サガンのために

丁寧に生きていけると思ってた郵便局に置かれた朱肉

桜なら仕方ないねとぼんぼりが灯れば消えるわきまえだとか

すりたての墨やわらかく人間の祈りのような鳥が生まれる

梅干しの甕の静けさ　遺伝子でつながりながら囲む食卓

年輪の一番きれいな椅子を買う読み返したきサガンのために

呼び捨てにしてみたあとの右の頬　いいから立ち止まったりするな

ばらばらと紫陽花のはなびらが落ち親より先に死ねないと言う

象を見に行こうだなんて闘いが終わったあとの匂いのままで

雨粒が光らせている蜘蛛の糸ふれてしまえば消えてゆくもの

川沿いを余白のように歩いてるぼくらをだれも見ないであろう

グラジオラス

すこしずつ死に近づいてゆく人の後ろで長い随筆を読む

父親を洗う檜の浴室は儀式のごとき香りをためて

人間であったことなど跡形もなく残されたシャツのボタン

ことばとは溶けるものです綿あめのうず巻くような明け方にいる

夜という名前のついた黒猫は眠れるもののおひげをのばす

生きている手があつまって赤々とグラジオラスを挿し込む祭壇

手のひらで頭をつつむ人間の骨を温度を教えてもらう

つぶされてしまわぬように水になる流れぬように湖になる

かあさんと筋子をほぐすひとつずつ血筋にまつわる話をほどく

昔からこの海岸にいたのでしょう背骨みたいな貝殻たちは

熊だけが姿を消した十二月　森の仲間のカレンダーから

夜の断面

早朝の電車は海の静けさで蛸なら足をそろえて眠る

叱られた子どもの顔になる時のごっそり欠けたたんぽぽ綿毛

アボカドの食べ頃をたしかめるように二週間後の約束をする

ワカサギがはじめて空をみたようなおきどころない眩しさにいる

缶詰の蓋を開ければ生い立ちを語りはじめるマッシュルーム

唇と胸との距離がさみしくてカプセルは喉に触れつつおちる

つつましく切り分けられたカステラが深呼吸する夜の断面

オリーブの緑のように憂いつつどこにいたのときみが呟く

鍵穴と鍵のいびつな正しさにあらゆる灯りともりはじめる

息抜きをしているうちに眠るひと乳白色の匂いをさせて

仏壇の果実の匂い子どもしかいなかったという日暮れの部屋に

卵黄のあざやかな日にきみがもつ心あたりという可能性

昼寝する猫

パソコンと炭酸水を携えておおらかな休日の出勤

制服でコンビニへゆく夏の昼　緑をまとう桜並木は

昼寝する猫のとなりに警官は動かないまま雲をみている

洋品店のマネキンほどの静けさで戸越銀座にきみを待ちおり

空色の寸胴鍋が自転車の荷台でおどる夕暮れの坂

あざやかに卵の黄色にじみ出て　ほんとうはきみに触りたかった

この夜の三日月はもう消える月　だれも気づかないままの切り傷

耳たぶで聞く

とりあえずオリオンビールと島らっきょ　ただものじゃない海ぶどう食む

いたしかたないというよりほかはなく耳たぶで聞く退職の意志

注意書きばかりの店をあとにして檸檬は檸檬らしくころがる

見た目では分からないことひんやりと手のひらに置く単三電池

引継ぎはそつなく終わりゆっくりと落葉うるおすにわたずみあり

百匹のおたまじゃくしが寝返りをうつ真夜中の池の波紋

くちびるが敬語の準備をととのえる新宿東口も春なり

雄弁なクレームがありこの夜の蛤たやすく口を開けたり

平静を装うことに慣れたまま泡にまみれた珈琲を飲む

水族館行きのバスならゆうらりと謝罪の言葉をしばし忘れる

輪郭だけが映しだされる発言もできない会議室のガラスに

ながいこと歩み歩みてうつ伏せに眠れば天と向き合うあうら

メイリオ

ボロ市の古着古本古時計　包むためなる英字新聞

墨の字のふっくら滲むおしながき　だし巻き卵の卵のところ

スクリプトなぞればみえるティンカー・ベル　空を飛ばなくなって久しき

ヘルベチカの整列のなかクリストファー・ロビンはかくも饒舌なりき

だれにでも好まれることつらつらと行間の空くメイリオで書く

始まりと終わりの見える明朝体　この曇天をはねる爪先

ものがたる　子豚の悲哀　狸の嘘　狐の自意識　猫の気紛れ

くまと熊　声音を変えて朗らかにミモザの黄の揺らめく小路

ひとりずつ吸い込まれゆくうからかな　墓石に刻む漆黒の名の

好きなもの　胡桃黒猫赤ワイン　けもの道ゆく雪野原かな

はる風

はる風に運ばれてくるゆらぎありトランペットのチューニングの音

水仙は立ちたり　生き延びるための球根を土の中に持ちて

木琴はほろほろと音をかもし出す　サラブレッドのような脚線

新しい印を朱肉に浸すとき　遥かな血筋の波立つような

ふえてゆくおなじかたちでたくさんの私の姓が認めてゆくもの

黄金のグラスは時にひとびとを歪んで映すぬばたまの夜

朝の蓋をたたく如くに踏切は時間の軸を整えはじめる

はるの日をあつめる満たす育むという器など眩しいばかり

袖のないシャツを纏える頃合いを知らせる香ばしいはる風は
自転車のサドルを少し高くして去年より桜花に近づく

たましいの番人

本堂にみたされてゆく題目に母の座骨はわずかふるえる

法華経の一筋に父の戒名はありて蕾のゆるむ白百合

座布団のひとつひとつに血縁のある尾骶骨のせられており

題目を唱える母と叔母のこえ重なる刹那にふうらりと風

霊園を眺める烏　亡き人のたましいの番人の如くに

わが家の墓標にもさす朝焼けをみているだろうプラタナスの木

棘とか瘤とか

サボテンは立ち尽くす部屋の片隅にただ沈黙のたたずまいあり

その肌に触れれば痛みをともなうと恐れながらも指をのばしつ

渇きつつわたしも立てり営みの隙間に尖るものを隠して

メキシコの熱き岩肌　東京の冷たき灯りにゆきどころなし

仙人掌(せんにんしょう)　覇王樹(はおうじゅ)　カクタス　石鹼体(しゃぼんてい)　そこに遥かな脈絡はあり

サボテンの擬態で過ごす短夜にようやく聴こえるその息遣い

ただここで生きようとしただけなので棘とか瘤ができたのでしょう

骰子を振る

われのゆくその先を知るかのようなコウモリランの緑の葉先

ゆくゆくはむらさきとなる花の種　知らずに眠るこの地の下に

千切れ雲　どうせあちらへゆくのなら厭うことなく流れゆくこと

空色に色はなけれどさしかかるひとびとはみるそれぞれの色

ほうきぐさ種を落として冬となる　彼方此方で微睡むあいだ

ひたひたと傍に来るもの昏々と白き布のみあかるき電車

図書館は静かに本を読む場所と言われてしまえば安全神話

自己責任の置きどころなど巡らせば返り血のごと夕陽を浴びる

弛めれば溢れ出るもの　締めたなら裏返るもの　骰子(さいころ)を振る

「一行は余白を殺す」ゆくりなくコロナという字をわれも殖やしつ

繊細なところに効くのは繊細な音なのだろう　剝がれる白百合

はつなつの鞦韆

あたらしい慣わしとして体温を測るつかの間　水の音する

暗がりのクローゼットに吊るされし春のスーツのため息籠る

コンビニに硬水軟水並びたり　駱駝の瘤に触れてもみたし

「だんごむしむかしむかしをおしえてる」琥太郎くんの砂場の宇宙

つくりかけのトンネルだけが残されて陽がとどこおる昼の公園

公園は避難所らしきはつなつの鞦韆（しゅうせん）に乗るマスクが揺れる

凍結の時間がふいに流れ出す画面の中の鍾乳洞から

食卓にテリーヌという宇宙あり　部屋から周波数を合わせて

ゆくはずのところにゆけない　校門に警備員のみ立ち尽くす朝

蛍光ペンかすれるように夏が来る　句読点まで届かないまま

山の手は手の形とぞ鳥の目で地図をながめる籠りの時間

空っぽのワインボトルに陽が射して記憶にともる灯台がある

深層の物語ふと目覚めればある日突如と生まれる聖地

龍と雲

雨粒の耐えているもの落ちるものそこに私もいる窓ガラス

闘いを終えたライトセーバーのように収まる傘の骨組み

停車駅ドアが開けば雨音と乗り込んでくるワイシャツの群れ

読み返す提案書にはさんずいの文字少なくて滴が滲む

低気圧で休むひとありその代わり働くひとありやがて夕凪

椅子を消し机を消して足跡をつけて本さえあれば図書館

龍に似た雲なんだろうか雲に似た龍かもしれない　また雨ですか

メロン味ってなんだか胡瓜みたいだね　先に言われて心はひらく

笑いものだったんだなあ笑われて晴れたならまあいいかと歩む

Ⅲ

ウポポイ

「ウポポイ」と弾むことのは稲の穂の揺れてわずかな秋の訪れ

裏返るこえは翼の生えるこえ　此処か彼方かみまがうこえか

ただひとり集落を診ていた医者のつらなりやまぬ葬列の途（みち）

わざわいに姿はなくて尖端へ向かうひと針ひと針の紋

こっそりと子は擬（もど）きおり月灯り　木彫り機織り宴の踊り

あくがれはともし火のいろ　語られず在るもの灯す血脈のいろ

血の巡るごときコキアのまろやかさつとめて暮れてゆく日々にいて

たっぷりと蜜をたたえて鎮座する桃やぶらんともえる切っ先

鬼面の笑う厨にまどろめば恭しくもナイフはひかる

すり減らすけれども崩れることはなく踵は耐える満月をみて

葡萄酒色の海

水仙の雌蕊と雄蕊をほどきつつナルキッソスの面影をみる

この世には裂け目があると言う人の懐にあるシェイクスピアは

ホメロスの海はいつでも葡萄酒色　ふるさとの空が灰色のように

立ち向かう敵はみえない今ならば迷わぬ　ドン・キホーテにもなる

ワザリング・ハイツの一部始終など読みふける冬ごもりの時間

自らを絶つということ連なりて牡丹は枯れるまえに崩れる

固ければ脆く壊れる儚さのクロワッサンの断面はみない

ぬかるみにおれば求める明るみのたとえば檸檬ほどの光りも

付箋

若草に染まった付箋　いつかまた戻るだろうと閉じたあいだに

思惑は行方をくらましたただそこに待ちくたびれた行列がある

余白には記憶が埋まっているという隣のひとの濡れた呟き

恵比寿駅東口から改札を抜ければいつかの私に出会う

継いでゆくことは伝えてゆくことと乳白色の酒に名づける

交わりも分かれもあろう三叉路で途方に暮れているつむじ風

カシオペイア

時計屋の振り子は愛し(かな)し束の間の後先あれどやがて揃わむ

ほぐれやすき白墨に指を汚しつつ少年が海にするアスファルト

忘れものはないかと春の風は吹きわれより先に門をでる花

ささくれた枝にも新芽は息づいて去年の傷は色を変えゆく

一杯のコップに満ちる忘却をとおり過ぎゆく一冊の本

言い訳はあるかといえばないという葉っぱに擬態する蝶のこと

地下鉄という洞窟の暗闇に壁画のごとく浮かぶバイソン

変わり目の季節にあれば死角には集まりやすき落書きがある

倍速に時計の針は盗まれてカシオペイアはゆっくり歩く

クレヨンの青は減らずに籠る日の空をみることしばし忘れて

くちなし

馬の鼻なでれば遠野の物語　蚕は一頭二頭と数える

ひとすじの糸も蚕が吐くものとたとえば蟬の翅のすずしさ

花びらの色は幹より滲むなら言葉は体軀の熱を帯びるか

ふるさとは磨りガラス越しにみる記憶　灰振りかけて花咲かすごと

馴染もうと心を砕くその歪み鳩羽鼠(はとばねずみ)の色の沁みこむ

声色のわずかに揺らぐ変わり目は♭ぎみの風の旋律

くちなしは無口な夏を連れてきて白きままなる口元あわす

眠らない病院　ねむれないひと　緑のしたの刈安（かりやす）をおもう

みえぬ壁のふえる間にとおくなる音も言葉も体温さえも

瓦屋

水を轢く音のすずしさ何ごともなかったように朝が駆け寄る

瓦屋に瓦は正しく並びおり時に割られるために積まれる

「大切なことは目に見えない」という鈴鳴るごとき狐の教え

言い出せぬ願いばかりが託されてわたしの星の行方は知れず

箒星　あなたの席からみえたもの、そしてみえてなかったことなど

宣言が明けたならばという仮説いくど流れて吹き溜まりおり

運休は解けないままで路線図の赤い瞬きいくども眺める

足元をゆく

いつからか蝶を恐れるようになりいつから大人になったのだろう

八幡山の向かいの電車は高尾行き泡立つ雲にひかれたなびく

木の陰のあわいに白き壁のぞき城郭のごと松沢病院

昭和という匂いを焚きしめひっそりと大宅壮一文庫に座る

昭和二十六年の「週刊朝日」触れれば崩れる枯葉のように

巻頭にひろいおでこの少女あり　十三歳の美空ひばりは

京王線は対角線を引くように笹塚とおり新宿に着く

ひたすらに歩くのは鳩　飛びたいと言う人間の足元をゆく

コキアの血脈

目黒川の橋はゆらめく逆さまに目眩のように留まる電車

窓にいる彼方のわれをみとめれば黒い吊革両手で握る

霜月の下北沢のホルモン屋　下り坂ゆく足どりはやく

向日葵のような顔していますよと歌の続きを思い出すとき

溶け水を氷に還すようにして傷つきしこと呟く友は

われもまた破片であれば崩れ落ちる氷の音に恍惚とする

テーブルを清めるならい冴え冴えと年輪はつと語り出したり

変わり身の時分はめぐり店先のコキアに通う血脈をみる

額髪めくりて風は通り過ぎわれの後ろの公孫樹も揺らす

ジンクレエル

春霞　登録された古本が窮屈そうに書架におさまる

ログを追う　たやすく過去が現在になりすますような危うさにいる

辻褄を合わせるだけの嘘をつくジンクレエルのように怯えて

栞紐のけだるく垂れている午後の新潮文庫とわれの戯れ

判断じゃなくて決断だと告げる　語り部はつねに現在形で

終わるには早過ぎるよね咲く前の桜の幹に熱はこもれる

次々と抱き起こしてゆくひまわりの番人に降る白い花びら

ひまわりは顔から種をこぼしつつ生まれた土地に哀しみを継ぐ

鳩は飛ばない

両の手を上げる姿で置き去りのコウモリランよ　時間がとまる

信号が変わりて鳩に追い抜かれエゾヤマザクラそろそろ咲くか

高架下に砂鉄のごとく身を寄せる一羽、三羽　鳩は飛ばない

きみだけが覚えていたね絨毯はかつては空の青だったこと

指揮棒が下ろされるように日は落ちて微熱のわれら駅へ吸われる

灰色の塀　〈一九八五年―二〇二一年〉

境目をくまなく埋めてそのうちに背丈も塀もこえてゆく雪

ゆくりなく屋根から落ちるは小熊かな　雪のおもさに聴くイオマンテ

雪の高さを指の長さで測りたり　屋根から宿りはじめる春は

電電の社宅はポプラの高さにて枝葉をのばす樹勢のままに

社会人球場は塀にまもられて冬はゆき場のない雪を積む

灰色の塀を越えれば勇者なり　からすが鳴いたらこちらへ戻る

赤茶けた錆をほこれるドラム缶　これは呪文をかけられた姫

仄暗きバックネットの裏なればシロツメクサが泡立ちて咲く

かんむりにする花とせぬ花のありその理（ことわり）にわれが編まれる

スタンドの通路は余白の静けさではみ出し者のように駆け出す

あそび場の呼び名が変わりテレビにはペレストロイカを叫ぶ指導者

ライブ・エイドは中継された　ひそやかに護り続ける胎動だった

御巣鷹山にみたまのあまた沈む日に四十二歳となったわが父

歯科内科皮膚科がそろい球場の跡に建つのは脳神経外科

灰色の塀は最後に崩されて狐をみかけたと母は言う

黒狐ならばシトゥンペカムイとぞ　わざわい告げる神かもしれず

球場であったことなど知る由もなく運びゆく白い車は

みぞれ雪　生まれて消えてゆくことの化身のような小石を濡らす

いれてよ　どうぞ

上空で名前を変えてゆく水に目を凝らしている気象予報士

東京に降れば警戒されるという　雪と名前がついたばかりに

足踏みをして信号を待つわれら逃げたいようで捕らわれたくて

ひととせの仮説はとうに破られて仮設のビニールシートを纏う

はだいろはペールオレンジ　肌色の岩波文庫の背を拭きながら

まろやかになれば削られまた尖る鉛筆となり窓口に立つ

ボヘミアン・ラプソディー　ふと震え出す　東京の片隅のコピー機

ウクライナ民話はやさし手袋に「いれてよ」「どうぞ」と動物が住む

あとがき

この第一歌集『ぜるぶの丘で』は、二〇〇一年から二〇二二年までの作品から三七二首を選び、ほぼ編年体で収録したものです。どこか、年表を拵えたような後味もありました。この一冊のなかで二十一年も時が流れているのに、変っていない自分にも、まるで変ってしまった自分にも驚きます。札幌市で生まれ育った私には、人生のほぼ半分を東京で過ごしていても、雪というものが原風景であり、雪と私の自同律のようなものが、選歌を通して自覚したことのひとつでした。

歌が生まれてくる過程では、無意識の影響を多分に受けていると考えます。そのぼんやりとした部分をどうにか現出させ、言葉にしようとする時に、目にみえるものに置き換えたり、託したりして、語らせる作業をずっとしてきたような気がします。比喩というのは、己の身代わりなのかもしれません。無意識のなかにはたくさんの先人たちもいて、言葉や文体を借りてもきました。自分だけの言葉なんてないに等しく、そのような向こう見ずなことが許され、言葉未満のものが定型によって命を得ていくのが短歌のように思えています。

始めたきっかけは、北海道新聞の日曜文芸欄でした。松川洋子先生の選歌欄にはいつも瑞々しい、年若いような方の歌が選ばれていて、憧れて投稿を始めたのです。そんな若手の歌の散逸を惜しんだ先生が創刊した同人誌「太郎と花子」に加入。ここは同年代歌人たちと〈うたいたいように歌う〉ことを楽しめる揺籠のような場所で、私の歌の背骨のようなものをつくってくれた場でもありました。歌集を出すことを伝えると「思い過ぎないこと、勢いよ」と言ってくれた松川先生は、二〇二四年十二月九日に逝去されました。読んでもらうことは叶いませんでしたが、ここに尽きない感謝の念を記します。今野寿美先生には、歌集出版にあたりきめ細かなご指導を、三枝昻之先生には、折々に啐啄同時のお言葉をたまわり、「りとむ短歌会」のみなさんと研鑽できる有難さが身に染みています。そして、歌の原風景であり、支えてくれる家族にお礼をいいたいです。

最後に、本書の製作にあたり、角川文化振興財団の北田智広様、橋本由貴子様には、ひとかたならぬご尽力をたまわりました。栞文を執筆いただいた北山あさひ様、楠誓英様には、拙歌から様々な表情を読み、考察いただいたこと、装幀の山元伸子様には、静謐な存在感をこの本に与えてくださったこと、心より御礼申し上げます。

二〇二四年十二月二十三日

天野陽子

著者略歴

天野陽子（あまの　ようこ）

一九七六年　北海道札幌市に生まれる
一九九九年　北海学園大学人文学部日本文化学科卒業
二〇〇〇年「太郎と花子」入会
二〇〇二年「りとむ短歌会」入会

歌集　ぜるぶの丘(おか)で

りとむコレクション136

初版発行　2025年2月25日

著　者　天野陽子
発行者　石川一郎
発　行　公益財団法人 角川文化振興財団
〒359-0023　埼玉県所沢市東所沢和田3-31-3
ところざわサクラタウン 角川武蔵野ミュージアム
電話 050-1742-0634
https://www.kadokawa-zaidan.or.jp/
発　売　株式会社 KADOKAWA
〒102-8177 東京都千代田区富士見2-13-3
電話 0570-002-301（ナビダイヤル）
https://www.kadokawa.co.jp/
印刷製本　中央精版印刷株式会社

ISBN978-4-04-884632-5 C0092

歌集『ぜるぶの丘で』　栞

たとえどこに住んでも

北山あさひ

「東京のホッケは北海道のホッケと全然ちがうんだよ。身がきれいに剝がれないの」
札幌に帰省したとき、天野さんはそんなことを言っていたっけ……。ゲラを手に、ふと思い出した。北海道新聞日曜版の短歌コーナー、松川洋子選歌欄から生まれた会「太郎と花子」の繋がりで天野さんと知り合ったとき、わたしは二十歳かそこら。天野さんはきれいで優しくて落ち着いた大人のひとで、東京は憧れと嫌悪が入り混じる、ひたすらに遠い場所だった。天野さんの歌集がこの世に出ることが、ほんとうにうれしい。

　フェルメールの画集の少女空をみるように傾く窓辺の書架で

　花水木　出会った頃とそのままの草かんむりをきらきらさせて

　入札に負けて上司が持ってくる春の香りのよもぎ饅頭

　この歌集には、図書館司書の天野さんらしく、いろいろな本が登場して読んでいて楽しい。対象を見つめるやわらかな眼差しは、天野短歌の大きな魅力であり本質でもある。「花水木」の歌は代表歌としてプッシュしたい。爽やかさや眩しさを含んだ文体は、きっと北海道という土地が育んだものなのだろう。後付けではない一体感がある。文体に性別を感じさせないところも特徴的で、この歌には少女のような少年のような、瑞々しいきらめきがある。三首目は「よもぎ饅頭」というぬくもりのある具体が絶妙だ。この歌集には実に様々な「匂い」が漂っている。「インクの匂い」「ライオンたちのたてがみの匂い」「林檎の匂い」「仏壇の果実の匂い」……。よもぎ饅頭の「春の香り」は、出会いと別れを思わせてすこし切ない。歌にゆたかな膨らみを持たせる、繊細な感覚である。

向日葵のうつむいている首筋に思い出せない父の筆跡
スプーンを二回落として嘘になる大丈夫というさっきの言葉
オリーブの緑のように憂いつつどこにいたのときみが呟く

一方で、明るい場所にうまれる翳のような歌もわたしを惹きつける。晩夏光のなかに心細さが浮かび上がる一首目、スプーンが立てる金属音が冷たく刺さるような二首目、三首目は、何気なく発せられた呟きによって、ふたりの寄る辺なさがふいに露わになってしまうような、不思議な寂しさがある。歌集に流れる、父の死の前後の時間。そのなかでしずかに揺れ動く心が、歌集に深い陰影を与えている。

ところで「住む」とは「居住を定めてそこで生活をする」という意味らしい。「日々を過ごす」「生活を送る」いう意味の「暮らす」に比べて、場所が重要な要素のようだ。『ぜるぶの丘で』は「住む」ということを考えさせる一冊だと思う。

ひとりきりの家路を見守る一切れのカステイラほどの明るさの月

地方紙から穂先の緑はみだしてアスパラガスがひんやり届く

慣れぬものあちこちにあり多摩川は優等生の顔で流れる

空色の寸胴鍋が自転車の荷台でおどる夕暮れの坂

指揮棒が下ろされるように日は落ちて微熱のわれら駅へ吸われる

東京の明るい夜に浮かぶ、やんわりとした月の色。実家から送られてくるアスパラガスと、それをくるむ北海道新聞（にちがいない！）。毎日通る川や坂道。街の人々が「吸われる」ように行き交う駅。どれもそこに住まなければ見えない景色であり、同時に「住む」ことの一途さを切なく浮かび上がらせている。ちなみに、歌集の冒頭歌と最後の一首も「住む」ことにまつわる歌なのだが、それはぜひ歌集を読んで確認していただきたい。

どこに住んでも、時間は流れ、人はそれなりに変わってゆく。出会ったり、別れたりしながら。そのことわりが、明るく、涼しく吹いている。

虹の端を探しに行ったあの頃のぼくらが好きだった歌をうたう

「もの」の内側へと

楠　誓英

まず、次のような不思議な歌に注目した。

暗がりに乳白の破片きらきらとみずから割れるを望んだ器

すり減らすけれども崩れることはなく踵は耐える満月をみて

食卓の余白がことに眩しくてひとりで熟れてゆく桃がある

一首目、暗闇で乳白の器を割ったのだろう。それが「みずから割れるを望んだ」と器自身が望んだと断言している。比喩ではなく、器に意志があるというのだ。どこか怖ろしく、怪しい煌めきがある。二首目も磨り減った「踵は耐える」との踵は意志を持つ。三首目、食卓の余白に存在感を放つ白桃。「ひとりで熟れてゆく」と桃が自ら意志を持って熟れていく。作者は比喩とも錯覚とも思っていない。作者の目を通せば、この世のあらゆる「もの」は意志を持って動き出すのだ。私は、このような大胆で哲学的な歌を初めて目にした。擬人法などという言葉ではおさまりきれないのだ。

四枚の壁に囲まれわたくしは最初の家具としてしゃがみこむ

われもまた破片であれば崩れ落ちる氷の音に恍惚とする

主体が「もの」になる歌にも注目した。一首目、引っ越しの場面であろう。がらんとした部屋にいる「わたくし」が「最初の家具」である。二首目、崩れて割れる氷の音にうっとりとするのは「われ」も「破片」であるからだという。どちらも直喩を使わず、唐突に「もの」になる。この大胆さに驚嘆する。しかし、よく読むと、「しゃがみこむ」にしんとした孤独を感じ、「われもまた破片であれば」に壊れやすい心を見る。大胆なように見えて、実は壊れそうなくらいにはかなくもろいのだ。

満員の電車に思う行人偏に正しいと書く父の名前を

花水木　出会った頃とそのままの草かんむりをきらきらさせて

初めての人と隣り合う今日はまだけものへんを引き連れながら

このように、「もの」に意志を見、われに「もの」を見る作者の視線は、「文字」そのものにも向けられる。「雨かんむり」の連作は、いずれも「文字」から想起されている。一首目、満員電車の中で、父の名前である「征」を思い出す。それは、「遠征」であったり、「征服」であったりと作者の心を鼓舞させるのだろう。二首目、花水木は恋人と出会った時の思い出の樹なのだろう。それを思うと「花水木」の「花」の草冠がきらめいている。三首目、初めて会う人に対して、身構えてしまうのだろう。それを「けものへん」に集約させている。このように作者の目は、文字そのものへと関心を広げていく。

天井も桐の箪笥も父の背も家とはだんだん低くなるもの

すこしずつ死に近づいてゆく人の後ろで長い随筆を読む

一首目、大人になって生家を見るとその小ささに驚くことがある。ここでは「父の背」をことさら強調せずに「もの」である「家」に収斂させているのがいい。二首目は父の入院の場面であろう。「死に近づいてゆく人」とは父であろうが、その後ろで淡々と長編の随筆を読む。父を詠んでも感情的にならず、どこか「もの」のように静かに見つめている。

手のひらで頭をつつむ人間の骨を温度を教えてもらう

この歌も前後から父の歌であろう。手のひらで父の頭を包むとき、そこから人間の「骨」のもろさと「温度」を感じている。作者にとって、人間であろうとそれは「もの」である。しかし、それは決して下に見るのではなく、「教えてもらう」存在なのだ。

作者は、「もの」を仰ぎ見、「もの」に意志を見、自身も他者にも「もの」を見る。そこから独自の詩情につながっている。「見る」、「見られる」の関係性が介在するアララギ的な「写生」というよりも、「もの」の内側へくいこんでいく視線である。そして、作者の歌を読むわれわれははっと驚き、自分も「もの」に過ぎないことに気づくのである。

嘘になって、いいんじゃない？

今野寿美

昭和という匂いを焚きしめひっそりと大宅壮一文庫に座る

昭和二十六年の「週刊朝日」触れれば崩れる枯葉のように

この二首の舞台、大宅壮一文庫は昭和の言論界を舌鋒鋭く牽引した大宅壮一氏の蔵書を広く活用してもらいたいと、ご遺族が設立した雑誌専門図書館である。つい先日も日本経済新聞の神奈川版で紹介されていたが、収集は現在もなおつづけていて約一三、五〇〇種類、計八〇万冊を収蔵するという。一冊につき三桁にも及ぶほどのキーワードをスタッフが拾い、索引データを充実させ、一般公開している。少なからず驚嘆した。

大宅壮一文庫は世田谷区にある。同区内の図書館の館長をまだ若くして務める天野陽子さんにとっては、何かと足を向ける機会が多いところなのかもしれない。

思い起こすのは天野さんが「りとむ」（令和三年七月号）で紹介していた図書館のレファレンス・サービスについてだ。

天野さんは「りとむ」の令和二年七月から四年五月まで時評を担当したが、毎回実に面白く、教わるところも多かった。短歌界の話題を捉えながら広い視野で時代の様相や事象、目をとめるべき発言などと結んで的確に考察していた。レファレンスは調べものの相談受付といった役回りで、国立国会図書館は全国の図書館から集められたレファレンス事例をデータ化し、誰でも閲覧できるまでに整えているのだそうだ。なかには「道で拾った牛乳瓶がどこのものか知りたい」なんていうのもあるが、それをちゃんと調べあげ、突き止めて答え、そのプロセスも見える化しているというのだから感動的だ。

　司書の仕事の一環であったか、個人的な関心からか、大宅壮一文庫に赴いたわけだが、冒頭の一首には、天野陽子が実に生き生きと静かに輝き始めるときの気息が感じられる。根っからの本好き、活字好き、追究好き。「昭和という匂いを焚きしめひっそりと」は大宅壮一文庫のたたずまいをいうが、同時に、天野陽子自身が和んでそのなかに浸り始めるということだろう。

　そのとき閲覧したのは昭和二六年の「週刊朝日」だという。二首目にいう枯葉状態の週刊誌に触れるときの緊張感がよくわかる年代物だ。かつて、日本の少年向け週刊誌の草分け「穎才新誌（えいさいしんし）」の創刊号（明治一〇年三月）を駒場の近代文学館で閲覧したことがある。タブロイド判の用紙を二つ折りにしたかとみられる全四ページのささやかさで、誌面の縁はモロモロになり、原型を保っていなかった。それでも、百年を超えて残っている史料に手を触れて接することができるという事実に感激したものだった。きっと、天野さんも同じだったであろうと、わたしはこの二首にたちまち共感した。自分の体験を抜きにしても、この歌には長い時間を経て残されたもの、とりわけ活字媒体に対する天野さんの敬意と心寄せとがきっかり織り込まれていて、とても素敵だ。

こんなふうに描いてみたところで、天野陽子がインテリっぽく堅い女性に映ることはないだろう。本、筋が通っているといえばその通りだが、歌集『ぜるぶの丘で』の歌の多くはむしろ繊細で、何事にも知的な冷静さをまつわらせて応ずる柔らかな印象をはなっている。つねに自分をかえりみる、というふうでもある。

スプーンを二回落として嘘になる大丈夫というさっきの言葉

気にしてないよ。傷ついてなんかいないわ。心配しないでね。そのつもりで言ったはずなのに……、というこの場面はちょっと、せつない。でも、ごくごくナイーブで、いじらしいくらい。嘘になって、いいんじゃない？　これも、たしかに生な天野陽子なのだ。